I0446670

This book belongs to

_____

_____

Dear Fellow Puzzle Enthusiast,

Thank you for your purchase of "Sudoku Puzzles for Adults and Seniors - Easy to Medium." We're delighted to have you embark on this journey with one of our carefully crafted collections.

We are a small family-run business driven by passion, and know that each puzzle is crafted to offer not just a challenge but a stimulating experience.

As a small business, your support is invaluable to us. Consider sharing your experience by leaving us a review—it's more than just feedback; it's a vote of confidence that makes a significant impact on our small business journey.

Thank you for being part of our community. Happy puzzling!

© 2023 Harrington Publishing
All rights reserved

SUDOKU PUZZLES

FOR ADULTS AND SENIORS

	2							5
		9	3	5				
5		8		1			3	6
			1					4
	1	7		9	6		2	
					4		5	9
9		1		8		6		
7								
	8		7	3	5			1

150 PUZZLES

EASY TO MEDIUM

Large Print

How to play Sudoku

The rules of Sudoku are simple and easy. It is precisely that simplicity that makes finding solutions and solving these puzzles a real challenge.

To play Sudoku, players only need to know the numbers 1 to 9 and be able to think logically. The goal of this game is clear: the task is to complete the grid by filling in the numbers 1 to 9. The difficulty lies in the limits placed on players to fill the grid.

Rule 1: Each row must contain the numbers from 1 to 9, without repetitions

The player must focus on filling each row of the grid, making sure there are no duplicate numbers. The order of the numbers does not matter.

Every puzzle, regardless of the difficulty level, begins with the numbers allocated on the grid. The player must use these numbers as clues to find out which digits are missing in each row.

Rule 2: Each column must contain the numbers from 1 to 9, without repetitions

The Sudoku rules for columns on the grid are exactly the same as for the rows. The players must also fill these with the numbers from 1 to 9, making sure each number occurs only once per column.

The numbers allocated at the beginning of the puzzle work as clues to find out which digits are missing in each column and their position.

Rule 3: The digits can only occur once per block (nonet)

A regular 9x9 grid is divided into 9 smaller blocks of 3x3, also known as nonets. The numbers from 1 to 9 can only occur once per nonet.

In practice, this means that the process of filing rows and columns without duplicate numbers within each block imposes further restrictions on the placement of numbers.

Rule 4: The sum of every single row, column, and nonet must be equal to 45

To find out which numbers are missing from each row, column or block or if there are any duplicates, the player can simply count or sum the numbers.

When the digits occur only once, the total of each row, column and nonet must be 45.

1+2+3+4+5+6+7+8+9=45

INDEX

Puzzle - 1 (easy)

								5
7		6	9		3		8	
	3			4	2		9	6
					8	2	7	1
4			1		5	9		
	1		6	2				
1	5	4	3			6		
6				7		8		3
			2		6		4	9

Puzzle - 2 (easy)

	2							5
		9	3	5				
5		8		1			3	6
			1					4
	1	7		9	6		2	
					4		5	9
9		1		8		6		
7								
	8		7	3	5			1

Puzzle - 3 (easy)

			2	3		8	4	1
			9	4				
	8			1	6			
9	2	5		7		4	8	
		6	5			1		
3	1				2		9	5
	4						6	3
		3		8	7	9	1	
1		9				5		

Puzzle - 4 (easy)

3			6	5				
			4		7			2
6	7				2	9	3	
	1		5	6		3	2	
2							6	9
			9	2	3			7
		7			5	2	9	
4	8		7				5	
	9		2	8		7	4	6

Puzzle - 5 (easy)

		6				2	8	
3		7	8	4			6	
2	9				1	7		
1								
		4		3			2	8
	8		5		9	3		
	2			8		4		9
8	7	3	2	9				
	5	9	3	1	6			

Puzzle - 6 (easy)

3							8	
	5			3	7	4		6
7	4			6		9	2	3
8								4
	3						7	1
4	6		3	1				8
1			6	5	4			9
	8		7	9				2
6			2					5

Puzzle - 7 (easy)

8			4	2			5	
	3	1	8			9		4
			7			8	1	6
	1	6	5	7		2		
	8					7	6	
		7	6		9			
		5	2	8		6	3	
		3		5				
				3				

Puzzle - 8 (easy)

	3		8		1		9	4
7		9		6	4		2	
		4	2	3	9	5	7	
		5			3	4		
			9					
			1			3		
		1	9			7	3	2
	5	7	6					8
2	9	8						5

Puzzle - 9 (easy)

		6				4		9
	3	1		5		7		6
		5	6	7				
		2		9	1	6	8	5
9		8	4				7	2
		3				9	1	
			5	4	9	1		
	5		7		8	2		
	8	9						

Puzzle - 10 (easy)

			3	2				
	1			4	8			
	5		7		1	8	2	
6			4		7		3	
		4	5		6			
3					9	6	8	
5	3			7		4	6	
8		2	9		4	3		1
			8		3	5		

Puzzle - 11 (easy)

8			4			2	3	
		4	5	7				8
7					3		6	
3		6	9	5	4	7		
			6			5		
4		2						
2			7		1	3	5	4
	6		3			1		
1		3	2		5			

Puzzle - 12 (easy)

	3	1		9	2		6	
4	8						2	3
5			8			1		
			2	4	8			
		2	3	7			4	6
			1			3	5	2
1					7			
	4				1	9		
6			4					7

Puzzle - 13 (easy)

2					1		7	
			3			4		1
	6		2			3		9
			7	8			9	
		8	5	1	2		6	3
3				4	9	1		8
	8		4		6	9		
1			9	2				7
	9				7			

Puzzle - 14 (easy)

	8		9	5		7	3	1
3	9		1		7	6		
	1							
	7	5			2		9	
8				1				7
		6	4				5	
		8		9	6			4
				8			2	9
	2		5	4	3			

Puzzle - 15 (easy)

	2				3	1		7
						2	9	4
1		9	7			3	5	
			6	1		4		
7	6			8		9	3	2
	4				2	7		
6				3	5		4	1
		3	1					
		8			9			

Puzzle - 16 (easy)

							8	6
1			3	5	8		4	2
5		9			6			
	9		7	4				
2		4		6				
	7			1	5	4		
9			5			2		3
3		8					1	5
				3	2			4

Puzzle - 17 (easy)

		4				7	6	5
	5	6	4		2		9	
7						2		3
	3		9					
4		7				8		
		2	3		8	9	5	
	7	3			5			
					6			2
2		5				3	1	

Puzzle - 18 (easy)

	1			8	3			6
9					4	3		
	3	7		5				4
2								
		4	2	9		8		
	6	1					9	2
7								
1		6	8	2				3
8	2	5		4			7	

Puzzle - 19 (easy)

9		5		1		4		7
3			9		8		5	
		7	6	5				9
			8		7	1		
		9						6
			4			8		
4			1		9	7		5
	7	2			3	9		
				4			3	

Puzzle - 20 (easy)

1	9			2	5	8		
		4		1			2	
			7	4	6	3		
7						4		3
	6				1		8	2
4					7	9	6	
			6				4	
					4	1	3	5
	4	5						

Puzzle - 21 (easy)

4			9		3	7		
				5	7			9
						3	4	
7		1	6	2		5	8	
5	3		1		4	6	9	
	8	9	7	3				
					1		7	
1		3			6		2	
8				7		1	3	

Puzzle - 22 (easy)

	7	6	3	8	5		9	
			4	6	1			3
3	5				7	1		8
5		7		4				6
					9			2
		8			3	7		
9		3		7	6			
		2						1
8	4	5						

Puzzle - 23 (easy)

		8	5		6	9	3	2
		9			7			
4		5	2		3			
2		7		8				
				6				9
9	5		7	2		8		
	4		6					
6				7				5
5	7	2	9			6	8	

Puzzle - 24 (easy)

	8				5	4	1	
9	4		1		8			
3		6		7	9			
				4	1	8		7
		8					6	
	9	4				1		
		9						
8	3		7					1
5	7		8	9			2	6

Puzzle - 25 (easy)

4		2	6	3	8	1		
		8					3	6
	6			9		4		8
		4	7		9	2		3
1		9	8				7	
				4				
8		6	3		1	9		
		7			4		8	
9							4	

Puzzle - 26 (easy)

	5					2	6	
	1	6		4			5	8
8			6					
				1	7			3
1	4	5		8				
							1	2
6	2				5	9	8	
	7				1	6		
	3		7		6			1

Puzzle - 27 (easy)

				6	3			
8	4			9		7	3	5
	1					6		
7	2			1	6		5	8
1		8		3	2			9
		5					2	
			1			9		
3		2				5		
6		1	3	5	4			

Puzzle - 28 (easy)

	5	4						2
7						4		8
6					7			9
		3		2		1		5
				1	5		4	
	1		4	3		2		6
2		5	3					
8				6				
			5		8	3		

Puzzle - 29 (easy)

6	3				9			
	9	5	3			2		
7	4			6				3
		6	1		8		3	
		8	2	7	3	1		4
			6	9			8	2
	1		9		6			
		7						9
	6			3		4		

Puzzle - 30 (easy)

	2		1			3	9	7
		8						4
7	4		9	2	5	1		6
2	8					6		
6	3	4		5	9			
1			7					3
					8	9		5
				4	6			2
			9			4	1	

Puzzle - 31 (easy)

								7
	2	1		3				4
5	4				8			
2			6	7	9		3	1
						7		2
	7				1		5	6
4	5	9	2			3	7	
					5		4	9
8			7			1	6	

Puzzle - 32 (easy)

	8		6			1	9	
			5	8				
6	1		9	7				8
9		8	3		2			4
		6	1		5		7	2
			8			9		
8					9	3	6	
	6			1				5
1		2		3		7	8	

Puzzle - 33 (easy)

		6	8	1	9		3	
2	9							
						7		
		3		2				
			7		5	9		
				8	1			6
5	4				3	6	8	7
8	3				6	2	5	4
				5		1		3

Puzzle - 34 (easy)

		8		7			9	1
9	7		2	4				
						7		
8	3	6	4			2	1	
		4				8	6	
2	1	9	3	6			4	
	9	2			3		7	6
3		7						
6	4							

Puzzle - 35 (easy)

8		2	1		9	5		
		4			5		9	
		5			7			3
			9			2	5	4
							3	6
	4		7		3		8	
	1			9	2			8
			4	3		9		5
		8						

Puzzle - 36 (easy)

	8	3			1	4	2	
	7							9
	1							3
			7				9	
3			9	1				6
		7	5			2	3	
7					9	5	6	
6	5	9		4			1	
			2	6	5			

Puzzle - 37 (easy)

3		8		4		7		2
6						5		1
			5		2			6
						2		
1	6	3	7	2	4			8
	4	5		8		1		
	2			6	8	3		
	3			7	5			
	8				3		2	

Puzzle - 38 (easy)

			3	7				6
3	7	6		8	1		2	
4		1		6		3		7
2	4			5				1
					7			8
	8	3				7		4
		8	7	4			9	
	9					8		
	3				8	1		

Puzzle - 39 (easy)

	3	4	7	8	2	5		9
	5							8
						1	7	3
3			6					
	4						1	
6		5	4				9	7
4	1		8					
	9	8			6	2		
		3		5	4	9		1

Puzzle - 40 (easy)

	8				6	1	5	
	7					4		2
				9				
		1		4		9		
		8			3			4
4			9	6	7			8
				5		8		3
1		9		8	2	6		5
8	6		3					1

Puzzle - 41 (easy)

	8	2		4		5	1	
6				5		8		9
5		1		8	9	6	4	
7	2				8	4	9	
						3	8	
	3				4			
2		6				7		4
	1				2	9		
				3	6			

Puzzle - 42 (easy)

			2			8		
	6	8		7			1	
	3				8		5	
	7			9	2		3	
	9					6		8
8						5		9
7	8		1					2
	2	5		8	4	1		
	4		3	2	7			5

Puzzle - 43 (easy)

6		1	9		5			
		9			3	4	6	
		8		4			7	
8	9						1	
3		4		6			9	
2								3
9		2	8		4	5	3	
				3			2	
			5	2	6	9		

Puzzle - 44 (easy)

			9		1		3	5
	3	9					7	
				6	4			
	4		6	9	5	7	1	2
1			3					
7				1	8		6	
	5	1	8					7
			7		4	1	2	
	7	2				5	8	

Puzzle - 45 (easy)

3		5				8	7	
6				7	5		9	
9		8	2					5
2		6				9		1
	5	7			9		2	8
			3				5	7
							8	
1	8		5		7			9
5			9	8	3			4

Puzzle - 46 (easy)

	3			4				6
5	1	6	8					
		7						
4	6		7					2
7	5			6		1	8	4
		3				6	7	
2	8	1	3					5
	9		4					7
6	7					2		1

Puzzle - 47 (easy)

			3	1		2	5	
			2					
2		5	7				3	9
9			5			3	4	
7	1		9	3		5		2
5		3	8	4			9	1
	3				8			
	2						6	3
	5		4	2				7

Puzzle - 48 (easy)

		2				3	5	8
6		9			5			
								4
3		7			6	4		
			8					1
	5			4	1	2	9	3
2				8			1	
			5	6			8	4
	7		1			5		

Puzzle - 49 (easy)

5	4			6			3	
3	2				8	9		6
					9		5	2
	5				1	4		
7				5				
8		7	3					
4		5			7	3		9
2			9	5		7	8	

Puzzle - 50 (easy)

9		2	5			4		
	3	8	9	7				5
5								8
6		3	7	1				4
					9	3	5	
			6		5			
7	6		4			5	8	
	2			5	7			
8					1			

Puzzle - 51 (easy)

1		3			5		7	
7	8	2		4	6	5		
				1		3		
9			6	7		8	1	
8	5		9				3	
		8	1					
6	4	1	5			2		
2		9	4	6			5	3

Puzzle - 52 (easy)

		9	7			6	2	
4				9	2			8
	3							
5		3						
9		7	3	2	6		5	
		8		4	1			
6				8			7	
	8		9			2	4	
	9	4				3		6

Puzzle - 53 (easy)

7	2	8	9					
				2			7	
			6					
2	8		3	5				4
1			8				9	5
	3	5	1		6	7		2
			5	8		9	4	
		4		6	1			
5	7							1

Puzzle - 54 (easy)

5		1	7					
6	9	7	5					
	2			1				6
1	5	3	8		6			2
					1		5	
9		4						
	4					7	2	1
				8		4		
2					9	8		3

Puzzle - 55 (easy)

5				1				7
		4				1	9	8
7	6			8	3		4	5
4								
6				3		4	7	
		5			4	3	6	9
9	5				6			
						7	5	
3				7	5	9		4

Puzzle - 56 (easy)

							7	4
2				7				
	1		3			2		9
7	3	1	2	4	9			
4			5				1	2
8	2	5						
	5		4	6	1			
		4		9			2	
6			7			1		

Puzzle - 57 (easy)

	6	2			4	7		8
		8		6				9	4
			5	1	8	2		
					1	6	4	7
8	5							
	4	7					8	
	2	6					7	
			6	7				2
	3		1		2	9		

Puzzle - 58 (easy)

1		4			5			
					1		6	4
		6		4		7	3	
	2		5					3
		7				9	8	
3				2		4	7	5
	3		8	5				
4	1	5			3			
6					7			9

Puzzle - 59 (easy)

1				3				
		6		2	4	5	7	9
4				9	5			
3	4			6	2			
				5		7		6
	1		4					3
9					6			
					3	8	9	2
5	2					3		1

Puzzle - 60 (easy)

4			9	3	8			
7	8	9		2				3
						4		
2		4	8		3		5	1
	3				9		4	
					5	6		
			7	9		1		6
			3	8	4		7	5
	7			1		3		

Puzzle - 61 (easy)

5	3	6					4	
	8		4	9	6			
4		2	7			8		
	4	7	3				8	
			1	8	7			
							7	
		8		3		6		
	1				9		5	4
			6	7			9	

Puzzle - 62 (easy)

		7		3			4	8
		1		9	6		2	
				4		6	1	
		4			2	8	6	
7				9			5	4
	9		5	8	4			
		8	6			1	9	
6		9	8					
5		3		2		7	8	

Puzzle - 63 (easy)

7					3	2		
		8				4	7	1
1						9	5	
			9	3	7			
	5	7		8				
8	9	6			5	7	3	2
	2	3			9			
		1	2			3		
5		9		7	1	6	2	

Puzzle - 64 (easy)

3	4	8				7		9
				9	4	5		
		9				3	6	
	5		4	1				3
			2		7		4	
4	6	1			9			5
6		7		2			3	1
1						6		
8		4	6		1			

Puzzle - 65 (easy)

			8	7	9	4	1	5
		8				9		7
			2		1		3	
	5	4	7	6				9
1			9					4
		9	4			2		6
		3		9		7	4	
2								
8	9			2	4	5	6	

Puzzle - 66 (easy)

						4		
4	3							9
9		1	5		2			6
7								3
	9	3			1			8
5				6	3	9	7	2
	7	6				3	9	1
					6			7
3		9		8			5	4

Puzzle - 67 (easy)

		1			2			
	9	6		5			3	
		8	4			3	9	
5	7			9	8			
9		4		2	6	8	5	
					1	4		
	3	7	2			6		
	6	2		8				

Puzzle - 68 (easy)

7						3		
1				4			5	9
		9	8					
	9					1	2	
		4	2				7	3
2			5	1	9			4
		3	1	5		6	9	8
	5			8		4		7
					6			

Puzzle - 69 (easy)

1		4	8					9
6	9			5			3	
			1	2	9			
9			7		5	8	1	
8		7					6	
5			3				2	
2			9			5	7	6
4							8	
	7			1		4	9	2

Puzzle - 70 (easy)

1				9		8	4	
8					4		7	1
7			8		6			2
	9	1					2	5
			9	4		1	8	
2	3	8				4	6	
					9			
6	4			8	3			7
				6	5		3	4

Puzzle - 71 (easy)

	3			1	7	6		
8	5			3			7	2
		1		5		3		
	2					5	4	
5	1		3		4			9
	8	4		7			1	
		8		4	5		3	
4	6		1			7	8	
		5						1

Puzzle - 72 (easy)

		5			1			7
3			7		2			9
	2	7	8				5	1
1	8						2	4
6				3				5
			1		8		6	
	1			8	3	4	7	
4		6	2	1				
			9	6		1		2

Puzzle - 73 (easy)

		3	7		9			
	4	5					2	
	8			4	1			
4			6		8	1	7	
3	1	6			5	8	4	2
		8						6
6								8
8	2			9		4	1	
			4			6	3	

Puzzle - 74 (easy)

6			5		8			2
5				3		4		
8		2	1			6		5
9		4						8
			2	9			4	
	8	3			4	9		
3						1	2	4
		5						
	7	9			3			6

Puzzle - 75 (easy)

			9	8	5	2		4
						1		
9			1		6	7		5
7			3			8		
		5	4	2			1	7
2				6	7			
			2			4		
5	3		6		4			
8	4	9	5					2

Puzzle - 76 (medium)

		6		1			7	
					3	5		
5	8		4		2			
	5		7	6			4	
					4	1	9	
	6		9					
		3			9	4		5
2	9				7		8	
						9		

Puzzle - 77 (medium)

	3	7			8			9
				4	9	7		
5	9			7		3		
			8	3			5	
	4			5	2		7	
		5				8		
	6	1	7				9	
	5	3	6			2	1	
		9		1				

Puzzle - 78 (medium)

1		5	8					
	7	3				1		
				9	1			
			3	5	4			
3		2			9	8	7	
			7					
8		9						4
4				3		5		7
				4		9	6	

Puzzle - 79 (medium)

		1		3	5		8	
			8	2	4	3		
3				6		5		
				4		1	6	9
5	9							
	7	4						
		2					9	
	1					8	2	
9				7				3

Puzzle - 80 (medium)

					7			
2	8				6	7		
	9				4	8		
5		2						
					8	3		4
	3			7			1	6
			7		1			8
8		3	4					5
		6		8	2		3	9

Puzzle - 81 (medium)

1								3
3		5				2		
	8			2		9		6
		9	3					5
	6							
7	4	3		8			6	
8	5				6			2
					9			
						6	1	4

Puzzle - 82 (medium)

			1				2	4
	3	9			4		6	
	4							3
6							8	5
				4			7	
		4	6		5			
8		5	2					
		1						
				5	7	9		1

Puzzle - 83 (medium)

			5	3	1		7	
		4	8			5		
		6	7		4	3		
	4				5			9
8				1				
	9	1					3	5
		2		9	6	8		
							1	
		8				9		

Puzzle - 84 (medium)

	9				5		2	
5				8	2			6
			3		6			
4	1	6					3	
		5						2
		3	8				1	
		1			7			4
	2			1			6	
			2		3	7		

Puzzle - 85 (medium)

	4		1					5
	1	2	8				9	
	7			4	5		3	1
1								
4			5	2				8
7	2		9	8		4		3
	6	1	3			7		
9			7	6				

Puzzle - 86 (medium)

5		7		4				
	4				3			
1			6	5			2	7
						9	5	
3	5	6	1		9			
	7	9	5	3		8		
		8			5			
			9				7	
				1		5		

Puzzle - 87 (medium)

7			6		9			
8			3		4			9
5								
2				6				
			1		7			3
		9		4			7	6
4	7	8			1			5
		6			8		9	4
		3	4					

Puzzle - 88 (medium)

		5		8			
6		5						8
		7		1				
					2		6	4
2		4		9		3		
1			8			9		
	9	2	1	5		6		
		1	3	6				7
		3						

Puzzle - 89 (medium)

	2	7	9		4	5		
9			2			8	4	
				1				9
			6	3		2		5
				9			7	
6	1			2	5			
			3					
	6		5		2			
	5	4						

Puzzle - 90 (medium)

9		6						
1				4				
					7	9	1	8
		4		9	8			
	9	1	5					
		5	6					
	7				6			9
6	4	9	1			8		3
			8			6	4	

Puzzle - 91 (medium)

			5				8	
	8	9	7					
	4	6	9					7
					9	4		
6	9	2						
4		5			2			3
1				4				5
	5	7			8	2		4
	6				5		1	

Puzzle - 92 (medium)

9				3				
	6	2						5
	3			1				6
8		5	9	7				
					7			
		6			8	4	1	9
4		8	7				9	
			3			2		
			4					

Puzzle - 93 (medium)

	1			2		8		
6	3				9		2	
9			5				7	
	8		7	4				
	2				5		1	
					2	9	4	
	7		3				6	
4					6			
			1			5		

Puzzle - 94 (medium)

								7
5		2					4	1
	7							2
	8		2		4	6		9
2			7		8			5
3								
6			3		9	8		
1	4			7				
	3	9	4					

Puzzle - 95 (medium)

			2	1				
6			5			2		
	7				6	9		4
2			1		9	6		7
				5		8		2
7	8	9			3			
						7		1
			3				8	
	2	8						

Puzzle - 96 (medium)

6		9	1	4		8		2
2							7	4
								6
	9	1		8	7			
	6		5	9	1			
		2						
	4			6				3
	1					7		
5				1	8			

Puzzle - 97 (medium)

1			9		6	4		
5	2							
		9					1	
3						2	7	
9	4						8	
2	5	7	1		3			
7	3		5			9		
					1			
					8		4	

Puzzle - 98 (medium)

9			1	7		5		
1			8	5			4	2
			2	4				
		5	6			8	9	3
	6							
4			9			6		
	7		4	1				
		4				1	6	
	9				2			5

Puzzle - 99 (medium)

3				2			9	
2		4	3			7		6
	7		8		1	2		
4	3		7			5		2
1	8			6	5			
						9		
7			1				3	
	4							
					6	4		

Puzzle - 100 (medium)

9			3					
4			2		6			
								1
			5		4		3	
3				1			5	
		4		9				7
		1	9			3	2	
7	3			8			6	9
2	6		1	3				8

Puzzle - 101 (medium)

		3	4			9		
							3	5
		2					7	1
	8	6						2
5					8			
		7	3	1			8	
					2		4	
4	9			8			1	
		1		5				

Puzzle - 102 (medium)

			9	7		1		
	1	8			2		5	
7						8		
	4			9	6			
9	8			3	5			
5		3		8	4	6		
								3
		9		5			2	
		5		4				9

Puzzle - 103 (medium)

			5	1	7			
1		4			6		7	
	2					6		
3		6	1		2			7
8		2						3
	5	1		8				6
7	4		6	3		8		5
		8						4

Puzzle - 104 (medium)

	3		7			8		
	6		3	4				5
	4	8						6
							1	2
						5	7	
3		7			4	6		
5	8	3					6	
					7	4	5	
		1			6	2		9

Puzzle - 105 (medium)

5								
			6	4			8	7
		8	1	5		6		9
					3			8
				1		2		6
2	8					3		5
		9	8			7		
6				2				
	7							1

Puzzle - 106 (medium)

		3	7	6				5
		5						1
2								9
8		2		3			1	
				1		3		6
			8					
	3		6	8	7	1	2	
			1				5	
	7	1	2		3			8

Puzzle - 107 (medium)

		6			5			
	3		4		1	9		7
	7			8				
				5		2		
		2	9	4				5
1				7		8	9	3
8	5				6	1	2	
							6	
		3						

Puzzle - 108 (medium)

	4	7				2		
2			9	4	5			
					2			
			5		4	9		
3	8	4				7		
		5		2	8		4	
	2		8	5				7
	9				3		1	
6							3	8

Puzzle - 109 (medium)

			1					
		4		9		6		
	7	3			2	5		1
	8	7			4	1		3
	2	6	3		8		5	
					9	7	8	
7		2				9		
4			9					
8	6		7	3		2		5

Puzzle - 110 (medium)

	9	4			3	1		
				7	6	4		
			2					
	7	8			4		5	
1						2		
		6					8	
5	3			1				
6						5		3
7					2			8

Puzzle - 111 (medium)

	4			8				
	5	8		1	2			
	1		4	6	5			
	8			7		5		3
		7			8			6
	3				6	8	7	
						7		4
4	6					2	1	
			5				6	9

Puzzle - 112 (medium)

	2				9		3	
7								
	8	6			4			
		9		1		6	8	
			3		6		5	9
			7				1	
	6	2				7		
9		1		4		8		
	3		9					4

Puzzle - 113 (medium)

			7				8	
	9	6				5		
3	2							6
1		8		5	9			
			6					1
		3		4		8	9	
2				7	6	4		
					2	3		8
6				8				7

Puzzle - 114 (medium)

		3					2	
		5			2		9	6
			5	3		1	4	
5				8	9	7		
	3	8			7	4	5	2
	2	1		5	3			
7			8			2	1	
3	6	4	9					

Puzzle - 115 (medium)

6					4	9	3	
	2				3			
		9		5	7	6	1	
	7	2				4		
							2	9
5				4				
	9							
	4	6	7	3		1		
			9	6	1	2		8

Puzzle - 116 (medium)

1						5		4
	6		1		8			
		3	5			2	6	
9				7	4	3		
	1	7			2		4	
	3				1			
		6	4					
2				1	6	7		5

Puzzle - 117 (medium)

6		4	2		1		8	3
	3	1		9				6
							1	
		7		5				9
		9	4		3	1		2
1								
3			7				9	8
	9	6						
	4	5		2			6	1

Puzzle - 118 (medium)

2	7	4		8				
9						8	7	
3								
						6		2
8		9			6	4	1	
			1					3
			6					
	5			4	9			8
		6		5				7

Puzzle - 119 (medium)

		4			1		7	
9	3			7				
				6	4	3	1	
						5		1
5				4			2	8
4		2	5					
	5	3				1		6
	9	6		2			5	4

Puzzle - 120 (medium)

	7		4	1				
			6		8		2	4
4							1	
8	1	7					9	
				5	1	8		
6	9			8				3
	2	1			4	3		
				7	9	2		
		6	5					

Puzzle - 121 (medium)

	5	9				3		4
7						9		
	4						5	1
2		8		7				
1		4		2				5
5			6					
				2		8	6	
			3	9		1		
		1	7					9

Puzzle - 122 (medium)

				9	1	4	3	7
					7		6	
			2		6			
						2		8
	4	9	7					3
	2	8					5	
	5	7	2					9
2	9			8				
1			3	6	9			

Puzzle - 123 (medium)

		3		6	5			
2				9		6	3	5
		1			3			
	4							3
	2			4			6	
		6	1				5	
3				2	7			4
							8	
6			5				7	

Puzzle - 124 (medium)

	6	9		2				
4	2				5			
			6			3		
			4	8	9			
							6	
	9			6				4
	1	2				4		8
6		7	2		4		9	
9	5		7			2	1	

Puzzle - 125 (medium)

9								
		3		6	1			
				8		9		2
				5		1	9	
8			4		9			6
5		4				7		3
	5	6			3		1	
	8		6					
	3	9		4			2	8

Puzzle - 126 (medium)

1		6	3	9		2		5
				5	2			
				6	8			3
	5	9		1				
	4				7			6
6	8						3	1
7	1		9	3				
	2							
			4				1	9

Puzzle - 127 (medium)

			5		7			4
	7	3					2	
5						9		8
		2			1	8	6	3
			2	7		1		
9	1							
6			8		4			
3	4			6	2		8	

Puzzle - 128 (medium)

7		1	4		8			
		2						
		4	2	7			1	
			7	1		6		8
2			3			7		
	3			8	9			2
	1					9		
9				4		3		
8	7	6	9				4	

Puzzle - 129 (medium)

7	2			1				8
						5	4	1
		1		8		7		
	1		2				5	3
9		5		3		2		
		2	8					
4		7						2
			7		6		3	5
	5			4	1			

Puzzle - 130 (medium)

	1				9		6	
6	9							7
	7			3		5		
	3		4					
9			5					4
		1					7	9
8				1	6	7	4	
	6	9						2
1			3	2			8	6

Puzzle - 131 (medium)

	4	7					1	
	2	6			8			3
	1						6	
1			2			9		
	7			8				2
		9	3				4	
					5	3		1
				2	9	4		
8	9				4			

Puzzle - 132 (medium)

	1			2	9	6	8	
					1		4	
9		2		4				
						7		
	7			8				
1	8			5	3			
		4			7		5	
	5			1				
8		1				9		3

Puzzle - 133 (medium)

			8			5		
2		9				4		
6			7	5				
	6		5	3		8		
4	2				8			
9				7		2		
5			1		7			3
						1	5	
7		3	9	8			4	

Puzzle - 134 (medium)

				1			6	7
			3					2
	5			4				3
4				3	9	2		6
2							5	
	8	7	2	5		4		
1			5					
		9	4		3	8		
				2				

Puzzle - 135 (medium)

6		3		5				
				4			3	7
	2				7			5
					6		7	3
			1			5		
	9			3			8	1
		8		7				
					8			2
7		9				3	1	

Puzzle - 136 (medium)

9	3		5				8	7
	8		9					6
2								
				5		7		
	2		3					
3						1	9	
		4		9		6	7	
			8		4		1	
	9						3	4

Puzzle - 137 (medium)

7		5				8	1	
9					8			
8	4						5	
		4	7					
	5	1		6				8
3	9			5				1
5				1		9		
	7						6	
			3	4	9		7	

Puzzle - 138 (medium)

		9	7	8	4	6		1
1								
				5	6		7	2
	9							4
				6	2			3
2		8	3					
9			6			4		8
	5			7				9
6				3				

Puzzle - 139 (medium)

		3	7					6
	1	4				2		3
			4					
			9		8			
			3		2		5	7
4	3		5					
5				7		9		
						6		
		7	1	9		3	2	5

Puzzle - 140 (medium)

		5	6			1		
9				1			4	
		2			5			
	6	7		3	8	4		
	2						8	7
		1						
				7	6	3	5	
	5			2				
1	4		9		3		2	

Puzzle - 141 (medium)

8		6	7					
				8	2		1	
1		3			4			9
		8				2		
6		1					5	3
					1			
	1				3		6	5
			2		7	1	4	
				5		9		

Puzzle - 142 (medium)

							7	1
	6	5				2		
	1		7	9	5	8		
			8		6	4		
	9			1			2	
	3			5		7	6	
		9			3			
	4				9		5	
1	2							

Puzzle - 143 (medium)

9		1			3	5		4
	2			9				
4							7	9
1		9			4			
		2	9	7			6	5
		7			2			1
	6	4						
						7		
			5	2			8	

Puzzle - 144 (medium)

	5						8	7
		7				3	6	2
	6				8			
3	4				7			
	1		2	8			3	5
		9						
			8		9	7		
9	8			6				3
				2	3	8	5	

Puzzle - 145 (medium)

		7		9		2		
	6			7	8			
	2		1				9	
5		9	3			7		
6				4				
3				1				
			9		3	8		2
	9					3		
	4				1			5

Puzzle - 146 (medium)

2	6	5				8		
	3							4
					3			6
		8		6			5	
		6	3	5	7			8
7			4					
		3	7				6	
				8			7	
9	2			3	4			

Puzzle - 147 (medium)

	6	1				2	7	
3	7				6		4	
			4	9			6	
			8					6
7	2					1		5
				7			9	
8	5	7			2	6	3	
	9			6				
	3		7					

Puzzle - 148 (medium)

				3		5		
6		5	4		7			
		7			2			
	6			1				4
3				7	5	9		
7							8	1
			3					
1			7		4			
4		2		9				6

Puzzle - 149 (medium)

6	9					3		8
1	8		9		2			
5			6					7
		9	7			6		
		6						
4				8		2		
9		8			3			
	4			9		5	8	
		5			7		3	

Puzzle - 150 (medium)

4			8	9	3			
		1					9	
5	6		2	7				
				2			7	4
		7	3			9		
8	2	4						3
				1				
							6	
2	3		4	5		7		

Puzzle Solutions

1

2	8	9	7	6	1	4	3	5
7	4	6	9	5	3	1	8	2
5	3	1	8	4	2	7	9	6
3	6	5	4	9	8	2	7	1
4	2	7	1	3	5	9	6	8
9	1	8	6	2	7	3	5	4
1	5	4	3	8	9	6	2	7
6	9	2	5	7	4	8	1	3
8	7	3	2	1	6	5	4	9

2

1	2	3	6	4	7	8	9	5
6	4	9	3	5	8	2	1	7
5	7	8	2	1	9	4	3	6
8	9	5	1	2	3	7	6	4
4	1	7	5	9	6	3	2	8
3	6	2	8	7	4	1	5	9
9	5	1	4	8	2	6	7	3
7	3	4	9	6	1	5	8	2
2	8	6	7	3	5	9	4	1

3

6	9	7	2	3	5	8	4	1
5	3	1	9	4	8	6	2	7
4	8	2	7	1	6	3	5	9
9	2	5	3	7	1	4	8	6
8	7	6	5	9	4	1	3	2
3	1	4	8	6	2	7	9	5
7	4	8	1	5	9	2	6	3
2	5	3	6	8	7	9	1	4
1	6	9	4	2	3	5	7	8

4

3	2	8	6	5	9	4	7	1
9	5	1	4	3	7	6	8	2
6	7	4	8	1	2	9	3	5
7	1	9	5	6	8	3	2	4
2	3	5	1	7	4	8	6	9
8	4	6	9	2	3	5	1	7
1	6	7	3	4	5	2	9	8
4	8	2	7	9	6	1	5	3
5	9	3	2	8	1	7	4	6

5

5	4	6	9	7	3	2	8	1
3	1	7	8	4	2	9	6	5
2	9	8	6	5	1	7	4	3
1	3	5	4	2	8	6	9	7
9	6	4	1	3	7	5	2	8
7	8	2	5	6	9	3	1	4
6	2	1	7	8	5	4	3	9
8	7	3	2	9	4	1	5	6
4	5	9	3	1	6	8	7	2

6

3	1	6	9	4	2	5	8	7
2	5	9	8	3	7	4	1	6
7	4	8	1	6	5	9	2	3
8	2	1	5	7	6	3	9	4
9	3	5	4	2	8	6	7	1
4	6	7	3	1	9	2	5	8
1	7	2	6	5	4	8	3	9
5	8	4	7	9	3	1	6	2
6	9	3	2	8	1	7	4	5

7

8	6	9	4	2	1	3	5	7
7	3	1	8	6	5	9	2	4
5	4	2	7	9	3	8	1	6
3	1	6	5	7	8	2	4	9
9	8	4	3	1	2	7	6	5
2	5	7	6	4	9	1	8	3
4	9	5	2	8	7	6	3	1
1	2	3	9	5	6	4	7	8
6	7	8	1	3	4	5	9	2

8

5	3	2	8	7	1	6	9	4
7	1	9	5	6	4	8	2	3
8	6	4	2	3	9	5	7	1
9	2	5	7	8	3	4	1	6
1	8	3	4	9	6	2	5	7
4	7	6	1	2	5	3	8	9
6	4	1	9	5	8	7	3	2
3	5	7	6	1	2	9	4	8
2	9	8	3	4	7	1	6	5

9

2	7	6	1	8	3	4	5	9
8	3	1	9	5	4	7	2	6
4	9	5	6	7	2	8	3	1
7	4	2	3	9	1	6	8	5
9	1	8	4	6	5	3	7	2
5	6	3	8	2	7	9	1	4
3	2	7	5	4	9	1	6	8
6	5	4	7	1	8	2	9	3
1	8	9	2	3	6	5	4	7

10

7	9	8	3	2	5	1	4	6
2	1	3	6	4	8	7	5	9
4	5	6	7	9	1	8	2	3
6	2	1	4	8	7	9	3	5
9	8	4	5	3	6	2	1	7
3	7	5	2	1	9	6	8	4
5	3	9	1	7	2	4	6	8
8	6	2	9	5	4	3	7	1
1	4	7	8	6	3	5	9	2

11

8	1	5	4	9	6	2	3	7
6	3	4	5	7	2	9	1	8
7	2	9	8	1	3	4	6	5
3	8	6	9	5	4	7	2	1
9	7	1	6	2	8	5	4	3
4	5	2	1	3	7	8	9	6
2	9	8	7	6	1	3	5	4
5	6	7	3	4	9	1	8	2
1	4	3	2	8	5	6	7	9

12

7	3	1	5	9	2	4	6	8
4	8	9	7	1	6	5	2	3
5	2	6	8	3	4	1	7	9
3	6	5	2	4	8	7	9	1
9	1	2	3	7	5	8	4	6
8	7	4	1	6	9	3	5	2
1	5	3	9	2	7	6	8	4
2	4	7	6	8	1	9	3	5
6	9	8	4	5	3	2	1	7

13

2	3	4	8	9	1	5	7	6
8	7	9	3	6	5	4	2	1
5	6	1	2	7	4	3	8	9
6	1	5	7	8	3	2	9	4
9	4	8	5	1	2	7	6	3
3	2	7	6	4	9	1	5	8
7	8	2	4	3	6	9	1	5
1	5	3	9	2	8	6	4	7
4	9	6	1	5	7	8	3	2

14

6	8	2	9	5	4	7	3	1
3	9	4	1	2	7	6	8	5
5	1	7	6	3	8	9	4	2
1	7	5	8	6	2	4	9	3
8	4	9	3	1	5	2	6	7
2	3	6	4	7	9	1	5	8
7	5	8	2	9	6	3	1	4
4	6	3	7	8	1	5	2	9
9	2	1	5	4	3	8	7	6

15

8	2	5	9	4	3	1	6	7
3	7	6	8	5	1	2	9	4
1	4	9	7	2	6	3	5	8
9	3	2	6	1	7	4	8	5
7	6	1	5	8	4	9	3	2
5	8	4	3	9	2	7	1	6
6	9	7	2	3	5	8	4	1
4	5	3	1	7	8	6	2	9
2	1	8	4	6	9	5	7	3

16

4	3	2	1	9	7	5	8	6
1	6	7	3	5	8	9	4	2
5	8	9	4	2	6	7	3	1
6	9	5	7	4	3	1	2	8
2	1	4	8	6	9	3	5	7
8	7	3	2	1	5	4	6	9
9	4	6	5	8	1	2	7	3
3	2	8	9	7	4	6	1	5
7	5	1	6	3	2	8	9	4

17

9	2	4	8	1	3	7	6	5
3	5	6	4	7	2	1	9	8
7	8	1	6	5	9	2	4	3
5	3	8	9	6	7	4	2	1
4	9	7	5	2	1	8	3	6
6	1	2	3	4	8	9	5	7
1	7	3	2	9	5	6	8	4
8	4	9	1	3	6	5	7	2
2	6	5	7	8	4	3	1	9

18

4	1	2	7	8	3	9	5	6
9	5	8	6	1	4	3	2	7
6	3	7	9	5	2	1	8	4
2	8	9	1	7	6	4	3	5
3	7	4	2	9	5	8	6	1
5	6	1	4	3	8	7	9	2
7	4	3	5	6	9	2	1	8
1	9	6	8	2	7	5	4	3
8	2	5	3	4	1	6	7	9

19

9	6	5	3	1	2	4	8	7
3	2	4	9	7	8	6	5	1
1	8	7	6	5	4	3	2	9
2	5	6	8	9	7	1	4	3
8	4	9	2	3	1	5	7	6
7	1	3	4	6	5	8	9	2
4	3	8	1	2	9	7	6	5
6	7	2	5	8	3	9	1	4
5	9	1	7	4	6	2	3	8

20

1	9	6	3	2	5	8	7	4
3	7	4	8	1	9	5	2	6
8	5	2	7	4	6	3	1	9
7	1	8	9	6	2	4	5	3
5	6	9	4	3	1	7	8	2
4	2	3	5	8	7	9	6	1
9	3	1	6	5	8	2	4	7
6	8	7	2	9	4	1	3	5
2	4	5	1	7	3	6	9	8

21

4	2	6	9	1	3	7	5	8
3	1	8	4	5	7	2	6	9
9	5	7	2	6	8	3	4	1
7	4	1	6	2	9	5	8	3
5	3	2	1	8	4	6	9	7
6	8	9	7	3	5	4	1	2
2	6	5	3	9	1	8	7	4
1	7	3	8	4	6	9	2	5
8	9	4	5	7	2	1	3	6

22

1	7	6	3	8	5	2	9	4
2	8	9	4	6	1	5	7	3
3	5	4	9	2	7	1	6	8
5	9	7	2	4	8	3	1	6
6	3	1	7	5	9	8	4	2
4	2	8	6	1	3	7	5	9
9	1	3	8	7	6	4	2	5
7	6	2	5	3	4	9	8	1
8	4	5	1	9	2	6	3	7

23

7	1	8	5	4	6	9	3	2
3	2	9	8	1	7	5	6	4
4	6	5	2	9	3	7	1	8
2	3	7	4	8	9	1	5	6
1	8	4	3	6	5	2	7	9
9	5	6	7	2	1	8	4	3
8	4	1	6	5	2	3	9	7
6	9	3	1	7	8	4	2	5
5	7	2	9	3	4	6	8	1

24

2	8	7	3	6	5	4	1	9
9	4	5	1	2	8	6	7	3
3	1	6	4	7	9	5	8	2
6	2	3	5	4	1	8	9	7
1	5	8	9	3	7	2	6	4
7	9	4	6	8	2	1	3	5
4	6	9	2	1	3	7	5	8
8	3	2	7	5	6	9	4	1
5	7	1	8	9	4	3	2	6

25

4	7	2	6	3	8	1	9	5
5	9	8	4	1	2	7	3	6
3	6	1	5	9	7	4	2	8
6	8	4	7	5	9	2	1	3
1	3	9	8	2	6	5	7	4
7	2	5	1	4	3	8	6	9
8	4	6	3	7	1	9	5	2
2	5	7	9	6	4	3	8	1
9	1	3	2	8	5	6	4	7

26

4	5	3	1	7	8	2	6	9
7	1	6	2	4	9	3	5	8
8	9	2	6	5	3	1	7	4
2	6	9	5	1	7	8	4	3
1	4	5	3	8	2	7	9	6
3	8	7	9	6	4	5	1	2
6	2	1	4	3	5	9	8	7
9	7	4	8	2	1	6	3	5
5	3	8	7	9	6	4	2	1

27

5	7	9	4	6	3	8	1	2
8	4	6	2	9	1	7	3	5
2	1	3	7	8	5	6	9	4
7	2	4	9	1	6	3	5	8
1	6	8	5	3	2	4	7	9
9	3	5	8	4	7	1	2	6
4	5	7	1	2	8	9	6	3
3	8	2	6	7	9	5	4	1
6	9	1	3	5	4	2	8	7

28

3	5	4	9	8	1	7	6	2
7	2	9	6	5	3	4	1	8
6	8	1	2	4	7	5	3	9
4	7	3	8	2	6	1	9	5
9	6	2	7	1	5	8	4	3
5	1	8	4	3	9	2	7	6
2	9	5	3	7	4	6	8	1
8	3	7	1	6	2	9	5	4
1	4	6	5	9	8	3	2	7

29

6	3	2	8	4	9	7	5	1
8	9	5	3	1	7	2	4	6
7	4	1	5	6	2	8	9	3
4	2	6	1	5	8	9	3	7
9	5	8	2	7	3	1	6	4
1	7	3	6	9	4	5	8	2
2	1	4	9	8	6	3	7	5
3	8	7	4	2	5	6	1	9
5	6	9	7	3	1	4	2	8

30

5	2	6	1	8	4	3	9	7
9	1	8	6	7	3	5	2	4
7	4	3	9	2	5	1	8	6
2	8	7	4	3	1	6	5	9
6	3	4	8	5	9	2	7	1
1	5	9	7	6	2	8	4	3
4	7	2	3	1	8	9	6	5
8	9	1	5	4	6	7	3	2
3	6	5	2	9	7	4	1	8

31

3	9	8	5	4	2	6	1	7
6	2	1	9	3	7	5	8	4
5	4	7	1	6	8	9	2	3
2	8	5	6	7	9	4	3	1
1	6	4	8	5	3	7	9	2
9	7	3	4	2	1	8	5	6
4	5	9	2	1	6	3	7	8
7	1	6	3	8	5	2	4	9
8	3	2	7	9	4	1	6	5

32

7	8	5	6	2	4	1	9	3
2	9	3	5	8	1	6	4	7
6	1	4	9	7	3	2	5	8
9	7	8	3	6	2	5	1	4
4	3	6	1	9	5	8	7	2
5	2	1	8	4	7	9	3	6
8	4	7	2	5	9	3	6	1
3	6	9	7	1	8	4	2	5
1	5	2	4	3	6	7	8	9

33

7	5	6	8	1	9	4	3	2
2	9	4	3	6	7	8	1	5
3	1	8	5	4	2	7	6	9
9	8	3	6	2	4	5	7	1
1	6	2	7	3	5	9	4	8
4	7	5	9	8	1	3	2	6
5	4	1	2	9	3	6	8	7
8	3	9	1	7	6	2	5	4
6	2	7	4	5	8	1	9	3

34

4	2	8	5	7	6	3	9	1
9	7	3	2	4	1	6	8	5
1	6	5	8	3	9	7	2	4
8	3	6	4	5	7	2	1	9
7	5	4	9	1	2	8	6	3
2	1	9	3	6	8	5	4	7
5	9	2	1	8	3	4	7	6
3	8	7	6	9	4	1	5	2
6	4	1	7	2	5	9	3	8

35

8	3	2	1	4	9	5	6	7
7	6	4	3	2	5	8	9	1
1	9	5	8	6	7	4	2	3
3	7	1	9	8	6	2	5	4
5	8	9	2	1	4	7	3	6
2	4	6	7	5	3	1	8	9
4	1	3	5	9	2	6	7	8
6	2	7	4	3	8	9	1	5
9	5	8	6	7	1	3	4	2

36

9	8	3	6	7	1	4	2	5
4	7	6	3	5	2	1	8	9
2	1	5	4	9	8	6	7	3
5	6	4	7	2	3	8	9	1
3	2	8	9	1	4	7	5	6
1	9	7	5	8	6	2	3	4
7	4	2	1	3	9	5	6	8
6	5	9	8	4	7	3	1	2
8	3	1	2	6	5	9	4	7

37

3	5	8	1	4	6	7	9	2
6	9	2	8	3	7	5	4	1
7	1	4	5	9	2	8	3	6
8	7	9	3	5	1	2	6	4
1	6	3	7	2	4	9	5	8
2	4	5	6	8	9	1	7	3
9	2	7	4	6	8	3	1	5
4	3	1	2	7	5	6	8	9
5	8	6	9	1	3	4	2	7

38

8	2	9	3	7	4	5	1	6
3	7	6	5	8	1	4	2	9
4	5	1	2	6	9	3	8	7
2	4	7	8	5	3	9	6	1
9	6	5	4	1	7	2	3	8
1	8	3	9	2	6	7	5	4
5	1	8	7	4	2	6	9	3
6	9	4	1	3	5	8	7	2
7	3	2	6	9	8	1	4	5

39

1	3	4	7	8	2	5	6	9
9	5	7	3	6	1	4	2	8
2	8	6	9	4	5	1	7	3
3	7	1	6	2	9	8	4	5
8	4	9	5	3	7	6	1	2
6	2	5	4	1	8	3	9	7
4	1	2	8	9	3	7	5	6
5	9	8	1	7	6	2	3	4
7	6	3	2	5	4	9	8	1

40

3	8	4	7	2	6	1	5	9
9	7	6	1	3	5	4	8	2
5	1	2	8	9	4	3	6	7
7	5	1	2	4	8	9	3	6
6	9	8	5	1	3	7	2	4
4	2	3	9	6	7	5	1	8
2	4	7	6	5	1	8	9	3
1	3	9	4	8	2	6	7	5
8	6	5	3	7	9	2	4	1

41

9	8	2	6	4	3	5	1	7
6	4	3	1	5	7	8	2	9
5	7	1	2	8	9	6	4	3
7	2	5	3	1	8	4	9	6
4	6	9	7	2	5	3	8	1
1	3	8	9	6	4	2	7	5
2	5	6	8	9	1	7	3	4
3	1	4	5	7	2	9	6	8
8	9	7	4	3	6	1	5	2

42

1	5	7	2	4	3	8	9	6
4	6	8	5	7	9	2	1	3
9	3	2	6	1	8	7	5	4
5	7	6	8	9	2	4	3	1
2	9	3	4	5	1	6	7	8
8	1	4	7	3	6	5	2	9
7	8	9	1	6	5	3	4	2
3	2	5	9	8	4	1	6	7
6	4	1	3	2	7	9	8	5

43

6	4	1	9	7	5	3	8	2
7	2	9	1	8	3	4	6	5
5	3	8	6	4	2	1	7	9
8	9	6	3	5	7	2	1	4
3	5	4	2	6	1	7	9	8
2	1	7	4	9	8	6	5	3
9	7	2	8	1	4	5	3	6
4	6	5	7	3	9	8	2	1
1	8	3	5	2	6	9	4	7

44

8	6	4	9	7	1	2	3	5
5	3	9	4	8	2	6	7	1
2	1	7	5	3	6	4	9	8
3	4	8	6	9	5	7	1	2
1	2	6	3	4	7	8	5	9
7	9	5	2	1	8	3	6	4
6	5	1	8	2	3	9	4	7
9	8	3	7	5	4	1	2	6
4	7	2	1	6	9	5	8	3

45

3	4	5	1	9	6	8	7	2
6	2	1	8	7	5	4	9	3
9	7	8	2	3	4	1	6	5
2	3	6	7	5	8	9	4	1
4	5	7	6	1	9	3	2	8
8	1	9	3	4	2	6	5	7
7	9	3	4	2	1	5	8	6
1	8	4	5	6	7	2	3	9
5	6	2	9	8	3	7	1	4

46

8	3	2	1	4	5	7	9	6
5	1	6	8	9	7	4	2	3
9	4	7	6	3	2	5	1	8
4	6	8	7	1	9	3	5	2
7	5	9	2	6	3	1	8	4
1	2	3	5	8	4	6	7	9
2	8	1	3	7	6	9	4	5
3	9	5	4	2	1	8	6	7
6	7	4	9	5	8	2	3	1

47

4	7	6	3	1	9	2	5	8
3	9	1	2	8	5	6	7	4
2	8	5	7	6	4	1	3	9
9	2	8	5	7	1	3	4	6
7	1	4	9	3	6	5	8	2
5	6	3	8	4	2	7	9	1
1	3	7	6	9	8	4	2	5
8	4	2	1	5	7	9	6	3
6	5	9	4	2	3	8	1	7

48

7	4	2	6	1	9	3	5	8
6	8	9	4	3	5	1	2	7
5	3	1	2	7	8	9	6	4
3	1	7	9	2	6	4	8	5
9	2	4	8	5	3	6	7	1
8	5	6	7	4	1	2	9	3
2	6	5	3	8	4	7	1	9
1	9	3	5	6	7	8	4	2
4	7	8	1	9	2	5	3	6

49

5	4	9	1	6	2	8	3	7
3	2	1	5	7	8	9	4	6
6	7	8	3	4	9	1	5	2
9	5	2	6	8	1	4	7	3
1	8	4	7	2	3	6	9	5
7	3	6	4	9	5	2	1	8
8	9	7	2	3	4	5	6	1
4	6	5	8	1	7	3	2	9
2	1	3	9	5	6	7	8	4

50

9	1	2	5	8	3	4	6	7
4	3	8	9	7	6	1	2	5
5	7	6	1	2	4	9	3	8
6	5	3	7	1	8	2	9	4
1	8	7	2	4	9	3	5	6
2	4	9	6	3	5	8	7	1
7	6	1	4	9	2	5	8	3
3	2	4	8	5	7	6	1	9
8	9	5	3	6	1	7	4	2

51

1	9	3	2	8	5	4	7	6
7	8	2	3	4	6	5	9	1
4	6	5	7	1	9	3	2	8
9	2	4	6	7	3	8	1	5
3	1	7	8	5	4	9	6	2
8	5	6	9	2	1	7	3	4
5	3	8	1	9	2	6	4	7
6	4	1	5	3	7	2	8	9
2	7	9	4	6	8	1	5	3

52

1	5	9	7	3	8	6	2	4
4	7	6	1	9	2	5	3	8
8	3	2	6	5	4	9	1	7
5	1	3	8	7	9	4	6	2
9	4	7	3	2	6	8	5	1
2	6	8	5	4	1	7	9	3
6	2	5	4	8	3	1	7	9
3	8	1	9	6	7	2	4	5
7	9	4	2	1	5	3	8	6

53

7	2	8	9	1	5	4	3	6
3	6	1	4	2	8	5	7	9
4	5	9	6	3	7	1	2	8
2	8	7	3	5	9	6	1	4
1	4	6	8	7	2	3	9	5
9	3	5	1	4	6	7	8	2
6	1	2	5	8	3	9	4	7
8	9	4	7	6	1	2	5	3
5	7	3	2	9	4	8	6	1

54

5	3	1	7	6	4	2	8	9
6	9	7	5	2	8	1	3	4
4	2	8	9	1	3	5	7	6
1	5	3	8	7	6	9	4	2
7	6	2	4	9	1	3	5	8
9	8	4	3	5	2	6	1	7
8	4	9	6	3	5	7	2	1
3	1	6	2	8	7	4	9	5
2	7	5	1	4	9	8	6	3

5	9	8	4	1	2	6	3	7
2	3	4	6	5	7	1	9	8
7	6	1	9	8	3	2	4	5
4	7	3	1	6	9	5	8	2
6	2	9	5	3	8	4	7	1
1	8	5	7	2	4	3	6	9
9	5	7	2	4	6	8	1	3
8	4	2	3	9	1	7	5	6
3	1	6	8	7	5	9	2	4

9	6	3	1	5	2	8	7	4
2	4	8	9	7	6	5	3	1
5	1	7	3	8	4	2	6	9
7	3	1	2	4	9	6	5	8
4	9	6	5	3	8	7	1	2
8	2	5	6	1	7	4	9	3
3	5	2	4	6	1	9	8	7
1	7	4	8	9	5	3	2	6
6	8	9	7	2	3	1	4	5

5	6	2	3	9	4	7	1	8
3	1	8	2	6	7	5	9	4
4	7	9	5	1	8	2	6	3
2	9	3	8	5	1	6	4	7
8	5	1	7	4	6	3	2	9
6	4	7	9	2	3	1	8	5
9	2	6	4	3	5	8	7	1
1	8	5	6	7	9	4	3	2
7	3	4	1	8	2	9	5	6

1	7	4	3	6	5	2	9	8
2	9	3	7	8	1	5	6	4
8	5	6	2	4	9	7	3	1
9	2	8	5	7	4	6	1	3
5	4	7	1	3	6	9	8	2
3	6	1	9	2	8	4	7	5
7	3	9	8	5	2	1	4	6
4	1	5	6	9	3	8	2	7
6	8	2	4	1	7	3	5	9

1	5	9	7	3	8	6	2	4
8	3	6	1	2	4	5	7	9
4	7	2	6	9	5	1	3	8
3	4	7	8	6	2	9	1	5
2	9	8	3	5	1	7	4	6
6	1	5	4	7	9	2	8	3
9	8	3	2	1	6	4	5	7
7	6	1	5	4	3	8	9	2
5	2	4	9	8	7	3	6	1

4	5	6	9	3	8	2	1	7
7	8	9	4	2	1	5	6	3
3	2	1	6	5	7	4	9	8
2	9	4	8	6	3	7	5	1
6	3	5	1	7	9	8	4	2
8	1	7	2	4	5	6	3	9
5	4	3	7	9	2	1	8	6
1	6	2	3	8	4	9	7	5
9	7	8	5	1	6	3	2	4

61

5	3	6	2	1	8	9	4	7
7	8	1	4	9	6	5	3	2
4	9	2	7	5	3	8	1	6
1	4	7	3	6	5	2	8	9
3	2	9	1	8	7	4	6	5
8	6	5	9	4	2	1	7	3
9	7	8	5	3	4	6	2	1
6	1	3	8	2	9	7	5	4
2	5	4	6	7	1	3	9	8

62

2	6	7	1	3	5	9	4	8
8	4	1	7	9	6	5	2	3
9	3	5	2	4	8	6	1	7
1	5	4	3	7	2	8	6	9
7	8	2	9	6	1	3	5	4
3	9	6	5	8	4	2	7	1
4	7	8	6	5	3	1	9	2
6	2	9	8	1	7	4	3	5
5	1	3	4	2	9	7	8	6

63

7	4	5	1	9	3	2	8	6
9	3	8	5	2	6	4	7	1
1	6	2	7	4	8	9	5	3
2	1	4	9	3	7	8	6	5
3	5	7	6	8	2	1	4	9
8	9	6	4	1	5	7	3	2
4	2	3	8	6	9	5	1	7
6	7	1	2	5	4	3	9	8
5	8	9	3	7	1	6	2	4

64

3	4	8	1	6	5	7	2	9
2	7	6	3	9	4	5	1	8
5	1	9	7	8	2	3	6	4
7	5	2	4	1	6	8	9	3
9	8	3	2	5	7	1	4	6
4	6	1	8	3	9	2	7	5
6	9	7	5	2	8	4	3	1
1	2	5	9	4	3	6	8	7
8	3	4	6	7	1	9	5	2

65

6	3	2	8	7	9	4	1	5
4	1	8	5	3	6	9	2	7
9	7	5	2	4	1	6	3	8
3	5	4	7	6	2	1	8	9
1	2	6	9	8	5	3	7	4
7	8	9	4	1	3	2	5	6
5	6	3	1	9	8	7	4	2
2	4	1	6	5	7	8	9	3
8	9	7	3	2	4	5	6	1

66

2	6	7	3	1	9	4	8	5
4	3	5	6	7	8	2	1	9
9	8	1	5	4	2	7	3	6
7	4	2	8	9	5	1	6	3
6	9	3	7	2	1	5	4	8
5	1	8	4	6	3	9	7	2
8	7	6	2	5	4	3	9	1
1	5	4	9	3	6	8	2	7
3	2	9	1	8	7	6	5	4

67

7	4	1	9	3	2	5	6	8
2	9	6	8	5	7	1	3	4
3	8	5	6	1	4	9	7	2
6	2	8	4	7	5	3	9	1
5	7	3	1	9	8	2	4	6
9	1	4	3	2	6	8	5	7
8	5	9	7	6	1	4	2	3
1	3	7	2	4	9	6	8	5
4	6	2	5	8	3	7	1	9

68

7	4	5	9	2	1	3	8	6
1	8	2	6	4	3	7	5	9
3	6	9	8	7	5	2	4	1
6	9	8	7	3	4	1	2	5
5	1	4	2	6	8	9	7	3
2	3	7	5	1	9	8	6	4
4	2	3	1	5	7	6	9	8
9	5	6	3	8	2	4	1	7
8	7	1	4	9	6	5	3	2

69

1	2	4	8	3	6	7	5	9
6	9	8	4	5	7	2	3	1
7	5	3	1	2	9	6	4	8
9	3	2	7	6	5	8	1	4
8	4	7	2	9	1	3	6	5
5	1	6	3	8	4	9	2	7
2	8	1	9	4	3	5	7	6
4	6	9	5	7	2	1	8	3
3	7	5	6	1	8	4	9	2

70

1	2	3	5	9	7	8	4	6
8	6	9	3	2	4	5	7	1
7	5	4	8	1	6	3	9	2
4	9	1	6	3	8	7	2	5
5	7	6	9	4	2	1	8	3
2	3	8	7	5	1	4	6	9
3	1	2	4	7	9	6	5	8
6	4	5	2	8	3	9	1	7
9	8	7	1	6	5	2	3	4

71

2	3	9	8	1	7	6	5	4
8	5	6	4	3	9	1	7	2
7	4	1	6	5	2	3	9	8
6	2	3	9	8	1	5	4	7
5	1	7	3	2	4	8	6	9
9	8	4	5	7	6	2	1	3
1	7	8	2	4	5	9	3	6
4	6	2	1	9	3	7	8	5
3	9	5	7	6	8	4	2	1

72

8	6	5	3	9	1	2	4	7
3	4	1	7	5	2	6	8	9
9	2	7	8	4	6	3	5	1
1	8	3	6	7	5	9	2	4
6	7	2	4	3	9	8	1	5
5	9	4	1	2	8	7	6	3
2	1	9	5	8	3	4	7	6
4	3	6	2	1	7	5	9	8
7	5	8	9	6	4	1	3	2

73

1	6	3	7	2	9	5	8	4
7	4	5	8	6	3	9	2	1
2	8	9	5	4	1	7	6	3
4	5	2	6	3	8	1	7	9
3	1	6	9	7	5	8	4	2
9	7	8	2	1	4	3	5	6
6	3	4	1	5	7	2	9	8
8	2	7	3	9	6	4	1	5
5	9	1	4	8	2	6	3	7

74

6	4	7	5	9	8	3	1	2
5	9	1	6	3	2	4	8	7
8	3	2	1	4	7	6	9	5
9	5	4	3	6	1	2	7	8
7	1	6	8	2	9	5	4	3
2	8	3	7	5	4	9	6	1
3	6	8	9	7	5	1	2	4
1	2	5	4	8	6	7	3	9
4	7	9	2	1	3	8	5	6

75

3	7	1	9	8	5	2	6	4
4	5	6	7	3	2	1	9	8
9	2	8	1	4	6	7	3	5
7	9	4	3	5	1	8	2	6
6	8	5	4	2	9	3	1	7
2	1	3	8	6	7	5	4	9
1	6	7	2	9	8	4	5	3
5	3	2	6	7	4	9	8	1
8	4	9	5	1	3	6	7	2

76

9	3	6	8	1	5	2	7	4
7	4	2	6	9	3	5	1	8
5	8	1	4	7	2	3	6	9
3	5	9	7	6	1	8	4	2
8	2	7	5	3	4	1	9	6
1	6	4	9	2	8	7	5	3
6	7	3	1	8	9	4	2	5
2	9	5	3	4	7	6	8	1
4	1	8	2	5	6	9	3	7

77

6	3	7	5	2	8	1	4	9
1	8	2	3	4	9	7	6	5
5	9	4	1	7	6	3	2	8
7	2	6	8	3	1	9	5	4
3	4	8	9	5	2	6	7	1
9	1	5	4	6	7	8	3	2
2	6	1	7	8	5	4	9	3
8	5	3	6	9	4	2	1	7
4	7	9	2	1	3	5	8	6

78

1	9	5	8	7	3	2	4	6
2	7	3	4	6	5	1	9	8
6	8	4	2	9	1	7	5	3
7	1	8	3	5	4	6	2	9
3	4	2	6	1	9	8	7	5
9	5	6	7	8	2	4	3	1
8	6	9	5	2	7	3	1	4
4	2	1	9	3	6	5	8	7
5	3	7	1	4	8	9	6	2

79

4	2	1	7	3	5	9	8	6
6	5	9	8	2	4	3	7	1
3	8	7	9	6	1	5	4	2
2	3	8	5	4	7	1	6	9
5	9	6	1	8	2	4	3	7
1	7	4	3	9	6	2	5	8
8	6	2	4	1	3	7	9	5
7	1	3	6	5	9	8	2	4
9	4	5	2	7	8	6	1	3

80

6	4	1	8	2	7	5	9	3
2	8	5	3	9	6	7	4	1
3	9	7	1	5	4	8	6	2
5	1	2	6	4	3	9	8	7
7	6	9	2	1	8	3	5	4
4	3	8	9	7	5	2	1	6
9	5	4	7	3	1	6	2	8
8	2	3	4	6	9	1	7	5
1	7	6	5	8	2	4	3	9

81

1	2	6	8	9	5	4	7	3
3	9	5	6	7	4	2	8	1
4	8	7	1	2	3	9	5	6
2	1	9	3	6	7	8	4	5
5	6	8	9	4	1	3	2	7
7	4	3	5	8	2	1	6	9
8	5	1	4	3	6	7	9	2
6	7	4	2	1	9	5	3	8
9	3	2	7	5	8	6	1	4

82

5	8	6	1	3	9	7	2	4
1	3	9	7	2	4	5	6	8
2	4	7	5	6	8	1	9	3
6	1	3	9	7	2	4	8	5
9	5	8	3	4	1	2	7	6
7	2	4	6	8	5	3	1	9
8	9	5	2	1	3	6	4	7
3	7	1	4	9	6	8	5	2
4	6	2	8	5	7	9	3	1

83

2	8	9	5	3	1	4	7	6
3	7	4	8	6	9	5	2	1
5	1	6	7	2	4	3	9	8
6	4	3	2	7	5	1	8	9
8	2	5	9	1	3	7	6	4
7	9	1	6	4	8	2	3	5
4	3	2	1	9	6	8	5	7
9	5	7	4	8	2	6	1	3
1	6	8	3	5	7	9	4	2

84

6	9	8	1	4	5	3	2	7
5	3	7	9	8	2	1	4	6
1	4	2	3	7	6	9	5	8
4	1	6	7	2	9	8	3	5
9	8	5	6	3	1	4	7	2
2	7	3	8	5	4	6	1	9
3	6	1	5	9	7	2	8	4
7	2	9	4	1	8	5	6	3
8	5	4	2	6	3	7	9	1

85

3	4	8	1	9	6	2	7	5
5	1	2	8	7	3	6	9	4
6	7	9	2	4	5	8	3	1
1	8	5	6	3	4	9	2	7
4	9	3	5	2	7	1	6	8
7	2	6	9	8	1	4	5	3
2	5	7	4	1	9	3	8	6
8	6	1	3	5	2	7	4	9
9	3	4	7	6	8	5	1	2

86

5	6	7	2	4	1	3	8	9
8	4	2	7	9	3	6	1	5
1	9	3	6	5	8	4	2	7
2	8	1	4	7	6	9	5	3
3	5	6	1	8	9	7	4	2
4	7	9	5	3	2	8	6	1
7	1	8	3	6	5	2	9	4
6	3	5	9	2	4	1	7	8
9	2	4	8	1	7	5	3	6

87

7	3	1	6	8	9	5	4	2
8	6	2	3	5	4	7	1	9
5	9	4	7	1	2	6	3	8
2	4	7	8	6	3	9	5	1
6	8	5	1	9	7	4	2	3
3	1	9	2	4	5	8	7	6
4	7	8	9	3	1	2	6	5
1	2	6	5	7	8	3	9	4
9	5	3	4	2	6	1	8	7

88

4	1	9	5	2	8	7	3	6
6	2	5	9	7	3	4	1	8
3	8	7	4	1	6	2	5	9
9	5	8	7	3	2	1	6	4
2	7	4	6	9	1	3	8	5
1	3	6	8	4	5	9	7	2
8	9	2	1	5	7	6	4	3
5	4	1	3	6	9	8	2	7
7	6	3	2	8	4	5	9	1

89

8	2	7	9	6	4	5	3	1
9	3	1	2	5	7	8	4	6
5	4	6	8	1	3	7	2	9
4	7	9	6	3	8	2	1	5
2	8	5	4	9	1	6	7	3
6	1	3	7	2	5	9	8	4
1	9	2	3	7	6	4	5	8
3	6	8	5	4	2	1	9	7
7	5	4	1	8	9	3	6	2

90

9	2	6	3	8	1	7	5	4
1	8	7	9	4	5	3	6	2
4	5	3	2	6	7	9	1	8
2	6	4	7	9	8	5	3	1
7	9	1	5	2	3	4	8	6
8	3	5	6	1	4	2	9	7
5	7	8	4	3	6	1	2	9
6	4	9	1	5	2	8	7	3
3	1	2	8	7	9	6	4	5

91

7	3	1	5	2	4	6	8	9
5	8	9	7	3	6	1	4	2
2	4	6	9	8	1	5	3	7
8	7	3	1	5	9	4	2	6
6	9	2	4	7	3	8	5	1
4	1	5	8	6	2	9	7	3
1	2	8	6	4	7	3	9	5
9	5	7	3	1	8	2	6	4
3	6	4	2	9	5	7	1	8

92

9	8	4	6	3	5	1	2	7
1	6	2	8	4	7	9	3	5
5	3	7	2	1	9	8	4	6
8	1	5	9	7	4	3	6	2
2	4	9	1	6	3	7	5	8
3	7	6	5	2	8	4	1	9
4	2	8	7	5	1	6	9	3
7	5	1	3	9	6	2	8	4
6	9	3	4	8	2	5	7	1

93

7	1	5	6	2	4	8	9	3
6	3	8	1	7	9	5	2	4
9	4	2	5	8	3	6	7	1
5	8	9	7	4	1	2	3	6
3	2	4	9	6	5	7	1	8
1	6	7	8	3	2	9	4	5
2	7	1	3	5	8	4	6	9
4	5	3	2	9	6	1	8	7
8	9	6	4	1	7	3	5	2

94

4	1	3	5	6	2	9	8	7
5	6	2	9	8	7	3	4	1
9	7	8	1	4	3	5	6	2
7	8	1	2	5	4	6	3	9
2	9	6	7	3	8	4	1	5
3	5	4	6	9	1	7	2	8
6	2	7	3	1	9	8	5	4
1	4	5	8	7	6	2	9	3
8	3	9	4	2	5	1	7	6

95

8	9	4	7	2	1	3	5	6
6	3	1	5	9	4	2	7	8
5	7	2	8	3	6	9	1	4
2	4	5	1	8	9	6	3	7
3	1	6	4	5	7	8	9	2
7	8	9	2	6	3	1	4	5
9	5	3	6	4	8	7	2	1
4	6	7	3	1	2	5	8	9
1	2	8	9	7	5	4	6	3

96

6	7	9	1	4	3	8	5	2
2	3	8	9	6	5	1	7	4
1	4	5	8	7	2	3	9	6
4	9	1	2	8	7	6	3	5
8	6	3	5	9	1	2	4	7
7	5	2	6	3	4	9	8	1
9	8	4	7	2	6	5	1	3
3	1	6	4	5	9	7	2	8
5	2	7	3	1	8	4	6	9

97

1	7	3	9	2	6	4	5	8
5	2	4	8	1	7	3	6	9
8	6	9	4	3	5	7	1	2
3	8	1	6	4	9	2	7	5
9	4	6	7	5	2	1	8	3
2	5	7	1	8	3	6	9	4
7	3	8	5	6	4	9	2	1
4	9	5	2	7	1	8	3	6
6	1	2	3	9	8	5	4	7

98

9	4	2	1	7	3	5	8	6
1	3	6	8	5	9	7	4	2
5	8	7	2	4	6	3	1	9
7	1	5	6	2	4	8	9	3
3	6	9	5	8	1	2	7	4
4	2	8	9	3	7	6	5	1
6	7	3	4	1	5	9	2	8
2	5	4	3	9	8	1	6	7
8	9	1	7	6	2	4	3	5

99

3	5	8	6	2	7	1	9	4
2	1	4	3	5	9	7	8	6
9	7	6	8	4	1	2	5	3
4	3	9	7	1	8	5	6	2
1	8	2	9	6	5	3	4	7
5	6	7	4	3	2	9	1	8
7	2	5	1	8	4	6	3	9
6	4	1	2	9	3	8	7	5
8	9	3	5	7	6	4	2	1

100

9	7	2	3	5	1	6	8	4
4	1	8	2	7	6	5	9	3
6	5	3	8	4	9	2	7	1
1	8	7	5	2	4	9	3	6
3	9	6	7	1	8	4	5	2
5	2	4	6	9	3	8	1	7
8	4	1	9	6	7	3	2	5
7	3	5	4	8	2	1	6	9
2	6	9	1	3	5	7	4	8

101

8	5	3	4	7	1	9	2	6
1	7	9	8	2	6	4	3	5
6	4	2	5	9	3	8	7	1
3	8	6	7	4	9	1	5	2
5	1	4	2	6	8	3	9	7
9	2	7	3	1	5	6	8	4
7	6	8	1	3	2	5	4	9
4	9	5	6	8	7	2	1	3
2	3	1	9	5	4	7	6	8

102

6	5	4	9	7	8	1	3	2
3	1	8	4	6	2	9	5	7
7	9	2	5	1	3	8	4	6
2	4	1	7	9	6	3	8	5
9	8	6	1	3	5	2	7	4
5	7	3	2	8	4	6	9	1
4	6	7	8	2	9	5	1	3
1	3	9	6	5	7	4	2	8
8	2	5	3	4	1	7	6	9

103

9	6	3	5	1	7	2	4	8
1	8	4	3	2	6	5	7	9
5	2	7	9	4	8	6	3	1
3	9	6	1	5	2	4	8	7
4	1	5	8	7	3	9	6	2
8	7	2	4	6	9	1	5	3
2	5	1	7	8	4	3	9	6
7	4	9	6	3	1	8	2	5
6	3	8	2	9	5	7	1	4

104

2	3	5	7	6	9	8	4	1
1	6	9	3	4	8	7	2	5
7	4	8	2	5	1	9	3	6
8	9	4	6	7	5	3	1	2
6	1	2	9	8	3	5	7	4
3	5	7	1	2	4	6	9	8
5	8	3	4	9	2	1	6	7
9	2	6	8	1	7	4	5	3
4	7	1	5	3	6	2	8	9

105

5	9	6	3	8	7	1	2	4
1	2	3	6	4	9	5	8	7
7	4	8	1	5	2	6	3	9
4	6	5	2	7	3	9	1	8
9	3	7	5	1	8	2	4	6
2	8	1	4	9	6	3	7	5
3	1	9	8	6	4	7	5	2
6	5	4	7	2	1	8	9	3
8	7	2	9	3	5	4	6	1

106

1	8	3	7	6	9	2	4	5
9	4	5	3	2	8	6	7	1
2	6	7	5	4	1	8	3	9
8	9	2	4	3	6	5	1	7
7	5	4	9	1	2	3	8	6
3	1	6	8	7	5	4	9	2
5	3	9	6	8	7	1	2	4
6	2	8	1	9	4	7	5	3
4	7	1	2	5	3	9	6	8

107

9	1	6	7	3	5	4	8	2
2	3	8	4	6	1	9	5	7
5	7	4	2	8	9	6	3	1
7	8	9	1	5	3	2	4	6
3	6	2	9	4	8	7	1	5
1	4	5	6	7	2	8	9	3
8	5	7	3	9	6	1	2	4
4	9	1	5	2	7	3	6	8
6	2	3	8	1	4	5	7	9

108

8	4	7	1	3	6	2	5	9
2	3	6	9	4	5	8	7	1
5	1	9	7	8	2	3	6	4
1	6	2	5	7	4	9	8	3
3	8	4	6	1	9	7	2	5
9	7	5	3	2	8	1	4	6
4	2	3	8	5	1	6	9	7
7	9	8	4	6	3	5	1	2
6	5	1	2	9	7	4	3	8

109

5	9	8	1	6	7	3	2	4
2	1	4	5	9	3	6	7	8
6	7	3	8	4	2	5	9	1
9	8	7	2	5	4	1	6	3
1	2	6	3	7	8	4	5	9
3	4	5	6	1	9	7	8	2
7	3	2	4	8	5	9	1	6
4	5	1	9	2	6	8	3	7
8	6	9	7	3	1	2	4	5

110

2	9	4	5	8	3	1	6	7
8	1	5	9	7	6	4	3	2
3	6	7	2	4	1	8	9	5
9	7	8	1	2	4	3	5	6
1	5	3	8	6	9	2	7	4
4	2	6	7	3	5	9	8	1
5	3	2	6	1	8	7	4	9
6	8	1	4	9	7	5	2	3
7	4	9	3	5	2	6	1	8

111

9	4	6	7	8	3	1	5	2
3	5	8	9	1	2	6	4	7
7	1	2	4	6	5	9	3	8
6	8	4	1	7	9	5	2	3
1	2	7	3	5	8	4	9	6
5	3	9	2	4	6	8	7	1
2	9	5	6	3	1	7	8	4
4	6	3	8	9	7	2	1	5
8	7	1	5	2	4	3	6	9

112

1	2	4	8	7	9	5	3	6
7	9	3	5	6	1	2	4	8
5	8	6	2	3	4	9	7	1
3	5	9	4	1	2	6	8	7
2	1	7	3	8	6	4	5	9
6	4	8	7	9	5	3	1	2
4	6	2	1	5	8	7	9	3
9	7	1	6	4	3	8	2	5
8	3	5	9	2	7	1	6	4

113

4	1	5	7	6	3	2	8	9
8	9	6	4	2	1	5	7	3
3	2	7	8	9	5	1	4	6
1	7	8	2	5	9	6	3	4
9	4	2	6	3	8	7	5	1
5	6	3	1	4	7	8	9	2
2	8	9	3	7	6	4	1	5
7	5	4	9	1	2	3	6	8
6	3	1	5	8	4	9	2	7

114

6	1	3	4	9	8	5	2	7
4	8	5	1	7	2	3	9	6
2	9	7	5	3	6	1	4	8
1	7	2	3	4	5	6	8	9
5	4	6	2	8	9	7	3	1
9	3	8	6	1	7	4	5	2
8	2	1	7	5	3	9	6	4
7	5	9	8	6	4	2	1	3
3	6	4	9	2	1	8	7	5

115

6	8	5	1	2	4	9	3	7
1	2	7	6	9	3	5	8	4
4	3	9	8	5	7	6	1	2
9	7	2	3	1	8	4	5	6
3	1	4	5	7	6	8	2	9
5	6	8	2	4	9	3	7	1
2	9	1	4	8	5	7	6	3
8	4	6	7	3	2	1	9	5
7	5	3	9	6	1	2	4	8

116

1	2	9	7	6	3	5	8	4
5	6	4	1	2	8	9	7	3
8	7	3	5	4	9	2	6	1
9	8	5	6	7	4	3	1	2
6	1	7	3	5	2	8	4	9
4	3	2	8	9	1	6	5	7
3	5	1	2	8	7	4	9	6
7	9	6	4	3	5	1	2	8
2	4	8	9	1	6	7	3	5

117

6	5	4	2	7	1	9	8	3
2	3	1	5	9	8	7	4	6
9	7	8	6	3	4	2	1	5
4	6	7	1	5	2	8	3	9
5	8	9	4	6	3	1	7	2
1	2	3	9	8	7	6	5	4
3	1	2	7	4	6	5	9	8
8	9	6	3	1	5	4	2	7
7	4	5	8	2	9	3	6	1

118

2	7	4	9	8	1	3	5	6
9	6	5	3	2	4	8	7	1
3	8	1	5	6	7	9	2	4
5	1	7	4	3	8	6	9	2
8	3	9	2	7	6	4	1	5
6	4	2	1	9	5	7	8	3
7	2	8	6	1	3	5	4	9
1	5	3	7	4	9	2	6	8
4	9	6	8	5	2	1	3	7

119

6	2	4	9	3	1	8	7	5
9	3	1	8	7	5	4	6	2
8	7	5	2	6	4	3	1	9
3	6	9	7	8	2	5	4	1
5	1	7	6	4	3	9	2	8
4	8	2	5	1	9	6	3	7
2	5	3	4	9	7	1	8	6
7	4	8	1	5	6	2	9	3
1	9	6	3	2	8	7	5	4

120

5	7	8	4	1	2	6	3	9
1	3	9	6	5	8	7	2	4
4	6	2	9	3	7	8	1	5
8	1	7	3	4	6	5	9	2
2	4	3	7	9	5	1	8	6
6	9	5	2	8	1	4	7	3
9	2	1	8	6	4	3	5	7
3	5	4	1	7	9	2	6	8
7	8	6	5	2	3	9	4	1

121

8	5	9	2	1	6	3	7	4
7	1	2	4	5	3	9	8	6
3	4	6	9	8	7	2	5	1
2	6	8	5	7	9	4	1	3
1	7	4	8	3	2	6	9	5
5	9	3	6	4	1	7	2	8
9	3	5	1	2	4	8	6	7
6	8	7	3	9	5	1	4	2
4	2	1	7	6	8	5	3	9

122

2	8	6	5	9	1	4	3	7
5	9	1	4	3	7	8	6	2
4	3	7	2	8	6	5	9	1
9	1	3	6	4	5	2	7	8
8	5	4	9	7	2	6	1	3
6	7	2	8	1	3	9	5	4
3	6	5	7	2	4	1	8	9
7	2	9	1	5	8	3	4	6
1	4	8	3	6	9	7	2	5

123

4	9	3	7	6	5	8	2	1
2	7	8	4	9	1	6	3	5
5	6	1	2	8	3	7	4	9
1	4	7	8	5	6	2	9	3
8	2	5	3	4	9	1	6	7
9	3	6	1	7	2	4	5	8
3	8	9	6	2	7	5	1	4
7	5	2	9	1	4	3	8	6
6	1	4	5	3	8	9	7	2

124

1	6	9	8	2	3	7	4	5
4	2	3	9	7	5	6	8	1
5	7	8	6	4	1	3	2	9
2	3	6	4	8	9	1	5	7
8	4	1	3	5	7	9	6	2
7	9	5	1	6	2	8	3	4
3	1	2	5	9	6	4	7	8
6	8	7	2	1	4	5	9	3
9	5	4	7	3	8	2	1	6

125

9	4	8	2	7	5	3	6	1
7	2	3	9	6	1	8	4	5
6	1	5	3	8	4	9	7	2
3	6	2	7	5	8	1	9	4
8	7	1	4	3	9	2	5	6
5	9	4	1	2	6	7	8	3
2	5	6	8	9	3	4	1	7
4	8	7	6	1	2	5	3	9
1	3	9	5	4	7	6	2	8

126

1	7	6	3	9	4	2	8	5
4	3	8	1	5	2	6	9	7
5	9	2	7	6	8	1	4	3
2	5	9	6	1	3	4	7	8
3	4	1	5	8	7	9	2	6
6	8	7	2	4	9	5	3	1
7	1	4	9	3	6	8	5	2
9	2	5	8	7	1	3	6	4
8	6	3	4	2	5	7	1	9

127

2	8	9	5	1	7	6	3	4
4	7	3	6	9	8	5	2	1
5	6	1	4	2	3	9	7	8
7	5	2	9	4	1	8	6	3
8	3	4	2	7	6	1	9	5
9	1	6	3	8	5	2	4	7
6	9	7	8	5	4	3	1	2
1	2	8	7	3	9	4	5	6
3	4	5	1	6	2	7	8	9

128

7	5	1	4	9	8	2	6	3
6	9	2	5	3	1	8	7	4
3	8	4	2	7	6	5	1	9
5	4	9	7	1	2	6	3	8
2	6	8	3	5	4	7	9	1
1	3	7	6	8	9	4	5	2
4	1	3	8	6	5	9	2	7
9	2	5	1	4	7	3	8	6
8	7	6	9	2	3	1	4	5

129

7	2	9	4	1	5	3	6	8
6	8	3	9	7	2	5	4	1
5	4	1	6	8	3	7	2	9
8	1	4	2	6	7	9	5	3
9	7	5	1	3	4	2	8	6
3	6	2	8	5	9	1	7	4
4	3	7	5	9	8	6	1	2
1	9	8	7	2	6	4	3	5
2	5	6	3	4	1	8	9	7

130

5	1	3	7	4	9	2	6	8
6	9	8	1	5	2	4	3	7
2	7	4	6	3	8	5	9	1
7	3	6	4	9	1	8	2	5
9	8	2	5	6	7	3	1	4
4	5	1	2	8	3	6	7	9
8	2	5	9	1	6	7	4	3
3	6	9	8	7	4	1	5	2
1	4	7	3	2	5	9	8	6

131

3	4	7	5	6	2	8	1	9
9	2	6	4	1	8	7	5	3
5	1	8	7	9	3	2	6	4
1	5	3	2	4	6	9	7	8
6	7	4	9	8	1	5	3	2
2	8	9	3	5	7	1	4	6
4	6	2	8	7	5	3	9	1
7	3	1	6	2	9	4	8	5
8	9	5	1	3	4	6	2	7

132

4	1	7	3	2	9	6	8	5
5	3	8	6	7	1	2	4	9
9	6	2	5	4	8	3	1	7
2	4	5	1	9	6	7	3	8
3	7	6	2	8	4	5	9	1
1	8	9	7	5	3	4	2	6
6	9	4	8	3	7	1	5	2
7	5	3	9	1	2	8	6	4
8	2	1	4	6	5	9	7	3

133

3	7	4	8	2	9	5	1	6
2	5	9	3	1	6	4	7	8
6	8	1	7	5	4	3	2	9
1	6	7	5	3	2	8	9	4
4	2	5	6	9	8	7	3	1
9	3	8	4	7	1	2	6	5
5	4	2	1	6	7	9	8	3
8	9	6	2	4	3	1	5	7
7	1	3	9	8	5	6	4	2

134

8	3	4	9	1	2	5	6	7
6	7	1	3	8	5	9	4	2
9	5	2	6	4	7	1	8	3
4	1	5	8	3	9	2	7	6
2	9	6	1	7	4	3	5	8
3	8	7	2	5	6	4	9	1
1	6	3	5	9	8	7	2	4
7	2	9	4	6	3	8	1	5
5	4	8	7	2	1	6	3	9

135

6	7	3	8	5	9	1	2	4
9	8	5	2	4	1	6	3	7
4	2	1	3	6	7	8	9	5
1	4	2	5	8	6	9	7	3
8	3	7	1	9	2	5	4	6
5	9	6	7	3	4	2	8	1
2	1	8	6	7	3	4	5	9
3	5	4	9	1	8	7	6	2
7	6	9	4	2	5	3	1	8

136

9	3	6	5	4	1	2	8	7
4	8	1	9	7	2	3	5	6
2	7	5	6	3	8	9	4	1
6	1	8	4	5	9	7	2	3
5	2	9	3	1	7	4	6	8
3	4	7	2	8	6	1	9	5
8	5	4	1	9	3	6	7	2
7	6	3	8	2	4	5	1	9
1	9	2	7	6	5	8	3	4

137

7	2	5	9	3	4	8	1	6
9	1	6	5	2	8	4	3	7
8	4	3	1	7	6	2	5	9
6	8	4	7	9	1	3	2	5
2	5	1	4	6	3	7	9	8
3	9	7	8	5	2	6	4	1
5	3	2	6	1	7	9	8	4
4	7	9	2	8	5	1	6	3
1	6	8	3	4	9	5	7	2

138

5	2	9	7	8	4	6	3	1
1	6	7	2	9	3	8	4	5
8	3	4	1	5	6	9	7	2
3	9	6	5	1	8	7	2	4
7	4	5	9	6	2	1	8	3
2	1	8	3	4	7	5	9	6
9	7	3	6	2	5	4	1	8
4	5	2	8	7	1	3	6	9
6	8	1	4	3	9	2	5	7

139

8	9	3	7	2	1	5	4	6
7	1	4	8	5	6	2	9	3
2	5	6	4	3	9	7	1	8
1	7	5	9	6	8	4	3	2
9	6	8	3	4	2	1	5	7
4	3	2	5	1	7	8	6	9
5	2	1	6	7	3	9	8	4
3	4	9	2	8	5	6	7	1
6	8	7	1	9	4	3	2	5

140

4	3	5	6	8	9	1	7	2
9	7	8	3	1	2	5	4	6
6	1	2	7	4	5	8	9	3
5	6	7	2	3	8	4	1	9
3	2	4	5	9	1	6	8	7
8	9	1	4	6	7	2	3	5
2	8	9	1	7	6	3	5	4
7	5	3	8	2	4	9	6	1
1	4	6	9	5	3	7	2	8

141

8	5	6	7	1	9	3	2	4
9	4	7	3	8	2	5	1	6
1	2	3	5	6	4	8	7	9
4	3	8	6	7	5	2	9	1
6	7	1	9	2	8	4	5	3
5	9	2	4	3	1	6	8	7
2	1	9	8	4	3	7	6	5
3	6	5	2	9	7	1	4	8
7	8	4	1	5	6	9	3	2

142

9	8	3	6	2	4	5	7	1
7	6	5	3	8	1	2	9	4
2	1	4	7	9	5	8	3	6
5	7	2	8	3	6	4	1	9
8	9	6	4	1	7	3	2	5
4	3	1	9	5	2	7	6	8
6	5	9	2	4	3	1	8	7
3	4	8	1	7	9	6	5	2
1	2	7	5	6	8	9	4	3

143

9	7	1	2	8	3	5	6	4
5	2	6	4	9	7	8	1	3
4	3	8	6	1	5	2	7	9
1	5	9	8	6	4	3	2	7
3	4	2	9	7	1	6	5	8
6	8	7	3	5	2	9	4	1
2	6	4	7	3	8	1	9	5
8	9	5	1	4	6	7	3	2
7	1	3	5	2	9	4	8	6

144

4	5	3	6	9	2	1	8	7
8	9	7	5	4	1	3	6	2
1	6	2	3	7	8	5	9	4
3	4	8	9	5	7	6	2	1
7	1	6	2	8	4	9	3	5
5	2	9	1	3	6	4	7	8
2	3	5	8	1	9	7	4	6
9	8	4	7	6	5	2	1	3
6	7	1	4	2	3	8	5	9

145

1	3	7	6	9	4	2	5	8
9	6	5	2	7	8	4	1	3
4	2	8	1	3	5	6	9	7
5	1	9	3	2	6	7	8	4
6	8	2	5	4	7	1	3	9
3	7	4	8	1	9	5	2	6
7	5	1	9	6	3	8	4	2
8	9	6	4	5	2	3	7	1
2	4	3	7	8	1	9	6	5

146

2	6	5	1	4	9	8	3	7
8	3	1	5	7	6	9	2	4
4	7	9	8	2	3	5	1	6
3	4	8	9	6	2	7	5	1
1	9	6	3	5	7	2	4	8
7	5	2	4	1	8	6	9	3
5	8	3	7	9	1	4	6	2
6	1	4	2	8	5	3	7	9
9	2	7	6	3	4	1	8	5

147

4	6	1	3	5	8	2	7	9
3	7	9	1	2	6	5	4	8
5	8	2	4	9	7	3	6	1
9	4	5	8	3	1	7	2	6
7	2	3	6	4	9	1	8	5
6	1	8	2	7	5	4	9	3
8	5	7	9	1	2	6	3	4
2	9	4	5	6	3	8	1	7
1	3	6	7	8	4	9	5	2

148

8	2	4	6	3	9	5	1	7
6	1	5	4	8	7	2	9	3
9	3	7	1	5	2	6	4	8
2	6	8	9	1	3	7	5	4
3	4	1	8	7	5	9	6	2
7	5	9	2	4	6	3	8	1
5	8	6	3	2	1	4	7	9
1	9	3	7	6	4	8	2	5
4	7	2	5	9	8	1	3	6

149

6	9	4	1	7	5	3	2	8
1	8	7	9	3	2	4	6	5
5	3	2	6	4	8	1	9	7
8	2	9	7	1	4	6	5	3
3	7	6	5	2	9	8	4	1
4	5	1	3	8	6	2	7	9
9	6	8	4	5	3	7	1	2
7	4	3	2	9	1	5	8	6
2	1	5	8	6	7	9	3	4

150

4	7	2	8	9	3	6	1	5
3	8	1	5	4	6	2	9	7
5	6	9	2	7	1	3	4	8
6	9	3	1	2	5	8	7	4
1	5	7	3	8	4	9	2	6
8	2	4	9	6	7	1	5	3
7	4	8	6	1	2	5	3	9
9	1	5	7	3	8	4	6	2
2	3	6	4	5	9	7	8	1

www.ingramcontent.com/pod-product-compliance
Lightning Source LLC
Chambersburg PA
CBHW082210290526
45794CB00009B/3495